ALAS EN EL MAYAB

Poesías a las aves yucatecas

OTROS LIBROS DE EMMA ROMEU

Diarios, poemas y caprichos de una princesa peregrina, Editorial Verbum, Madrid, 2023.
El monje, el leopardo y el grillo cubano, Editorial Verbum, Madrid, 2022.
Felipe Poey, el científico que amaba los peces, Pearson Education, Estados Unidos, 2020.
Ahora que me deja un minuto la vida, Ediciones Alpispa, Massachusetts, 2015.
Renovación de la luna, Ediciones Alpispa, Massachusetts, 2014.
El rey de las octavas, Lectorum Publications Inc, New York, 2007.
Azul y otros relatos del mar, Alfaguara, México, 2005.
Un bosque para la mariposa monarca, Santillana, México/Estados Unidos, 2005.
El pájaro mosca, Santillana, México/Estados Unidos, 2004.
Ahí viene el lobo gris, Santillana, México/Estados Unidos, 2005.
Orejas de cielo y otros cuentos, Ediciones SM, México, 2003.
René y el pigmeo en la selva, Editorial Norma, México, 2003.
Las patas del flamenco, Santillana, México/Estados Unidos, 2004.
Mi amigo el manatí, Santillana, México, 2002; Santillana, Estados Unidos, 2004.
Gregorio y el mar, Alfaguara/Libros del rincón (SEP), México, 2001; Alfaguara, México, 1997; Alfaguara, Madrid, 1996.
Naufragio en las Filipinas, Alfaguara, México, 2000.
Gregorio y el pirata, Alfaguara, México, 1999.
A Mississippi por el mar, Alfaguara, México, 1999.
Gregorio vuelve a México, Alfaguara, México, 1998.
Los dioses tosen: Reportajes de medio ambiente México-Cuba, CUAAD de la Universidad de Guadalajara/Inst. Michoacano de Cultura, México, 1997.

ALAS EN EL MAYAB
Poesías a las aves yucatecas

Emma Romeu

Ilustraciones de Ana Morales

Ediciones ALPISPA

Título original: Alas en el Mayab
D.R. del texto © 2024, Emma Romeu
D.R. de las ilustraciones © 2024, Ana Morales
Primera edición: mayo de 2024
Segunda edición: marzo de 2026
Tercera edición: julio de 2026

ISBN: 979-8-9938144-2-1
Ilustraciones, diseño y composición: Ana Morales
Edición: Ramón Soto

AGRADECIMIENTOS

Este libro inspirado en las aves yucatecas ha visto la luz cobijado por nobles corazones. Extendemos las alas de nuestro agradecimiento a quienes nos ofrecieron guía en el campo y/o valiosa información, muy especialmente a Alex Dzib, Rodrigo Migoya, Ángel Castillo y Rafael Chacón. El aporte de las fotos que auxiliaron a la ilustradora en la representación gráfica de las aves mediante técnica mixta se debe a la generosidad de los siguientes fotógrafos: Alex Dzib, Jesús Bobadilla, Jay McGowan, Rafael Chacón, Diego Núñez y Luis Ku. Un alegre y largo trino de gratitud no puede faltar para el reconocido pintor Alonso Gutiérrez por sus valiosísimos comentarios durante el proceso creativo de las ilustraciones.

Las aves de por sí son poesía, ha sido un placer contar con tantos amigos al tratar de acompañarlas en su arte.

INDICE

Prólogo	9
Las aves	17
La chara yucateca	19
Pu'ujuy, el tapacaminos yucateco	23
Canción del dzibabán	25
Papamoscas yucateco	27
La perlita yucateca	29
Beech', la codorniz yucateca	31
El pavo ocelado	33
El loro solitario	37
El loro trovador	39
Carpintero yucateco	47
Calandria dorso naranja	49
Tangara yucateca	51
Golondrina yucateca	53
Granatelo yucateco	55
Vireo de Cozumel	57
La garza rojiza	59
Cuitlacoche de Cozumel	61
Colibrí de Cozumel	63
El vireo yucateco	65
Kolonte', el carpintero lineado	67
Doricha eliza	69
La matraca	71
Tooj, el pájaro reloj	75
Meco, el flamenco rosado	77
¿Cuántos cantan?	79

Con claro canto
en el jardín reclama
el ave
primavera.

PRÓLOGO

Con la gracia de un pájaro esquivo revoloteó ante mí una tarde en un parque de la ciudad de Mérida, en Yucatán, la idea de escribir estos versos. La suerte de encontrar la complicidad de la pintora Ana Morales hizo que dicha idea se posara y llegara a convertirse en la presente obra que, si bien es breve, notarán llena de admiración a las aves autóctonas de esta privilegiada península.

Aun cuando pensemos que nos hallamos solos sobre el asfalto, con frecuencia la naturaleza nos alcanza en alguna de sus tercas manifestaciones. En la propia Mérida, sobre la plaza arbolada frente a la catedral más antigua de América continental, he visto sobrevolar irreverentes bandadas de aves y contemplado especies propias de la península que buscan refugio en la frescura de las ramas. Con certeza, si recorremos otros barrios de la ciudad y logramos ignorar las omnipresentes palomas domésticas, es posible que notemos pájaros carpinteros, luis bienteveo, charas verde, loros, cenzontles, palomas nativas, cardenales, chachalacas, colibríes y otros representantes de la avifauna silvestre. No hay más que estar atento: no hace tanto un papamoscas se posó en una antena a pocos metros de mi cabeza en el entorno de la piscina del Hotel Caribe, junto al Parque Hidalgo.

Cuando por vez primera vine a la Península de Yucatán, ¡hace ya tres décadas!, me rebosaron el encantamiento y las interrogantes sobre su mundo natural. Trabajaba yo entonces para la revista *Biodiversitas* de la Comisión Nacional de Biodiversidad de México, CONABIO, donde escribía artículos de divulgación científica sobre el estado y uso de la biodiversidad en el país. Empecé entonces por recorrer las áreas costeras de Yucatán y Quintana Roo en busca de información sobre manglares, cocodrilos, manatíes y corales, y al fin fue el momento de acercarme al flamenco.

El flamenco rosado o caribeño puede llegar a encontrarse en más de una decena de países del Nuevo Mundo —desde el sur de Estados Unidos hasta el norte de Brasil—, pero solo anida en contadísimas zonas de México, Cuba, Las Bahamas, Venezuela y de unos pocos sitios más; y de esos privilegiados lugares depende drásticamente su conservación. En México, las colonias de anidación, con sus nidos parecidos a volcanes, ocurren en las aguas bajas de lagunas del norte yucateco en puntuales sitios costeros como el Cuyo, Las Coloradas, Celestún, y San Crisanto. El poder observar una de las aves de antiguo linaje que existen en el planeta, en las inimaginables lagunas verdes y rojizas cercadas de manglares, lo consideré entonces un presente de la vida, y así lo siento aún cada vez que me acerco a aquellos sitios. No podía faltar un poema al flamenco en este libro.

Existen esfuerzos para promover el conocimiento de las aves en México, y ciertamente se cuenta con publicaciones y proyectos acerca de estos vertebrados, pero aun así en Yucatán pocas especies son tan célebres como el carismático flamenco. Tuve la curiosidad de mostrar imágenes de aves endémicas a indistintas personas en Mérida, y la mayoría de los encuestados confesó no haberlas visto antes ni tener noticias de ellas. Tan simple pesquisa me convenció, una vez más, de que la persistencia y el uso de diversos medios para seguir dando a conocer la fauna y la flora es necesario. Las fuentes mencionan a Yucatán como residencia fija o temporal de unos cientos de especies de aves; específicamente la reconocida guía *Sal a pajarear*

Yucatán, en su segunda edición, expone la cifra de quinientas sesenta y cuatro especies. Si por su parte la Comisión Nacional de Biodiversidad, en su publicación *Aves de México: Lista actualizada de especies y nombres comunes,* del 2020, da como coherente el número de mil ciento veinte especies existentes en todo México —cifra que a la altura de la publicación de este libro debe haber aumentado con nuevos reportes—, es entonces realidad que en esta extraordinaria península habita alrededor de un despampanante cincuenta por ciento de las especies que conforman la avifauna del país. Agradecen las plantas la cofradía con las aves en la polinización, y en el traslado de sus semillas y el control de plagas, y este es un ejemplo de que cada plántula que rompe la tierra con avidez de luz porta un pacto con otras especies. Claro está el mensaje con relación a las aves.

A la maravillosa avifauna mexicana la respaldan leyes que buscan su conservación, pero a pesar del desvelo de muchas personas la implementación de las leyes no siempre es eficaz.

La deforestación, la sequía, los incendios forestales, las construcciones de estructuras descomedidas para el turismo y para la población, la contaminación de las aguas, el comercio incontrolado de aves silvestres y otras causas llevan a la riqueza de las aves yucatecas —al igual que a tantas del alrededor de diez mil especies de aves que existen en el mundo—, a vivir situaciones estresantes, y en ocasiones fatales. Desafortunadamente, un número significativo de aves de la península son señaladas en alguna categoría por la Norma oficial mexicana, NOM 059 SEMARNAT—2010, que identifica las especies o poblaciones de flora y fauna silvestres en riesgo. Es una verdad tan grande como la de que estamos en un mundo hermosísimo el hecho de que las aves que nos acompañan están impactadas por la ética que sostenemos como sociedad y como individuos.

Por otro lado, en la búsqueda de información sobre las aves mencionadas en este libro noté la tremenda necesidad de más estudios científicos, particularmente sobre las especies endémicas. Falta investigación acerca de sus hábitos alimentarios, reproducción, longevidad, estado de sus poblaciones, uso que hacen de sus hábitats y otras tantas particularidades. Una curiosidad que se repite en la ciencia es el debate para clasificar las especies, y este también ocurre con aves de la península, donde un ejemplo es la inquieta y pequeña ave llamada perlita yucateca, ¿especie... subespecie...?; este detalle está dentro de uno de los poemas que incluimos en el presente cuaderno. Parece que los científicos ya se pusieron de acuerdo y de especie la tratan; mientras tanto ella, *Polioptila albiventris* es su nombre científico, posada en una rama alza un tanto la colita con estilo y sigue llamando la atención a la particularidad de su existencia.

Otra de las aves vistosas de Yucatán que sí es fácilmente reconocida por sus habitantes es el pavo ocelado, nombrado de esa manera por las marcas parecidas a ojos en su cola. En su cabeza pelona y azul lleva unas provocadoras protuberancias rojas y anaranjadas, su plumaje es un festival de colores, y su batir de alas y la forma en que eriza las plumas en momentos de demostraciones amorosas provoca un espectáculo extremadamente singular. Desde siempre los pechugones pavos, clasificados dentro del orden zoológico de los galliformes, han tenido depredadores naturales, y el ocelado no es una excepción. Carnívoros del monte pueden ser sus enemigos, pero también las mallas que los capturen para llevarlos a jardines ajenos a su ambiente natural, y las devastadoras escopetas que contribuyan a mermar su población.

De los loros siempre hay tantísimo que decir. Quien no los vea más que como aves amansadas y parlantes se asombraría de sus peculiaridades en la vida silvestre. La *Enciclopedia Británica* da el dato de más de trescientas treinta especies de loros en el mundo —un número conservador con respecto a otros que he encontrado en la literatura—, y muchas de estas especies están amenazadas o en peligro de extinción. Esta triste noticia, y el hecho de que existan prohibiciones a su captura, no parece evitar que el número de loros que viven en cautiverio siga siendo apabullante. En México existen veintidós especies de loros, de las cuales ocho se reportan como propias de Yucatán, y uno de ellos, el loro yucateco *Amazona xantholora*, es endémico. Desde el Caribe partieron las primeras aves psitácidas, los loros, a la tierra de los conquistadores como testimonio de la exuberancia del Nuevo Mundo. Se dice que el hoy extinto guacamayo cubano fue de los primeros representantes de la fauna americana en cruzar el Atlántico hacia la corte española, y es fácil adivinar que años después le seguirían en suerte algunos loros mexicanos. Resulta muy desafortunado que en el tecnológicamente avanzadísimo siglo XXI el carisma de estas aves no deje de convertirlas en presas deseadas para el comercio. “Las rejas... ¡ni de oro!”, diría un loro si pudiera expresarse sin precepto a los humanos en cualquiera de nuestros tan diversos lenguajes.

Entre los múltiples aportes de la lengua maya a la vida castellanizada de Yucatán se hallan la toponimia de sitios que habitamos y la denominación de especies de la flora y la fauna que nos acompañan. Los nombres en maya de las aves incluidas en algunos poemas han sido encontrados en fuentes diversas. La ortografía usada en la palabra flamenco, *meco*, es la dada en la página del gobierno del estado de Yucatán (otras fuentes lo escriben como *mekoh*). *Meco* se le ha llamado al flamenco en lugares de la costa donde habita. No dudo que surjan correcciones a imprecisiones de nuestro esfuerzo en escribir este y otros nombres, que serían tomadas en cuenta para ediciones posteriores. Otro detalle que deseo traer a la atención del lector, es que parte de la bibliografía que nos ha servido de auxilio en el conocimiento de las aves de Yucatán durante la preparación del presente poemario aparece al final del mismo. Estoy segura de que algunas de estas fuentes pueden ser de utilidad a quienes gusten saber sobre las especies mencionadas.

Acerca de las ilustraciones en este cuaderno, vale la pena hacer notar el esbozo del ambiente detrás de cada ave. Es encomiable el trabajo de búsqueda y empeño artístico de la ilustradora para ofrecerle sutilmente la calidez de su hábitat a cada ave sorprendida en la impresión. El nombre científico de la especie que se representa se encuentra debajo de la correspondiente ilustración.

En mi amada tierra natal, Cuba, tuve la ocasión de ir a las remotas montañas orientales en abril de 1986 en busca del impresionante pájaro carpintero real o pico de marfil, *Campephilus principalis*, el cual mide alrededor de medio metro, y que en aquel momento ya se creía posiblemente extinto. La histórica expedición contó con especialistas de diversos países, todos tratando de ver el ave, de descubrir un nido en un tronco semi seco, de escuchar su voz, de lograr un rastro... una señal. Y el pájaro huidizo quiso que se comprobara su existencia y se dejó ver fugazmente en varias ocasiones, pero no pudieron obtenerse fotos ni grabaciones; menos de un año después tuvo lugar el último avistamiento de esta especie, y desde entonces no hay más evidencias. El pico de marfil es un carpintero de roja cresta algo parecida a la de los denominados *kolonte'* en maya.

A las alturas de la tercera década de este siglo todavía unos cuantos humanos, entre los que me cuento, seguimos porfiando en que aquel pájaro hermoso, habitante de la isla más grande del Caribe —el mayor de los carpinteros que sobrevive en el planeta—, no ha desaparecido, y que en algún lugar de los más intrincados pinares en las sierras de Cuba pueda aún existir. Con esa misma necedad, y con el amor al país que me acogió en mi emigración, aspiro a que la preservación de todas las aves mexicanas sea una realidad, y que las especies yucatecas, en la cercanía de los oasis de ensueño de sus cenotes, continúen regalando la diversidad de sus cantos y colores a los mágicos territorios del Mayab.

Un ave libre presta alas a nuestro pecho. Las aves no tienen precio, y no tienen dueño; son hermanas del cielo y con el resto de la naturaleza nos abrazan. Un ave libre es certeza.

Emma Romeu
Boston, primavera de 2024
Mérida, Yucatán, febrero de 2026

LAS AVES

Un ave es un emblema,
¿quién lo duda?,
de lo que a los humanos ilusiona:
libertad y belleza, amor y canto,
y la ansiedad de discernir
desde la altura.
En su diversidad llevan las aves
el mensaje
de todo lo que cabe en nuestro mundo,
alas blancas y negras,
rojas, verdes, azules, amarillas
dan a la luz lo mismo,
la ocasión de ostentar
el lujo de su espectro en un ser vivo.
Y son aves reloj cosmopolita,
y son ellas las cómplices del cielo,
pues llevan a lo lejos
alegría,
no hay más que ver un ave solitaria
en el peor invierno donde hay nieve
cantar desde una rama desvestida.

Cyanocorax yucatanicus

LA CHARA YUCATECA

Tamaña extravagancia
es la de este arrendajo
—familia de los cuervos—,
que al nacer tiene el cuerpo
pintado por el alba,
y el sol está en su pico
y colorea sus patas;
también muy amarillas
parece que llevara
en torno a los ojos
unas graciosas gafas.
Luego, el brillante negro
invade su figura, corona su cabeza,
le adorna la garganta,
¡y se tornan muy azules
su cola y sus alas!,
no del azul celeste,
que es de la calma amigo,
sino el de la inquietud
intensa del océano,
azul ultramarino.
En pacto con las flores
va la elegante chara
donando pinceladas
a verdes matorrales
y bosques ancestrales,
o se adentra atrevida
a buscar la ventura
por patios y senderos
muy cerca de las casas;
si nadie la molesta

extiende su visita
y posa su vestuario
en un techo de paja.
Nombra a la chara ch'eel
—que significa claro—
la lengua de los mayas,
pues quiere evocar
el tiempo en que esta ave
es un blanco polluelo,
al que cualquier frutilla
aviva la esperanza.

Antrostomus badius

PU' UJUY,
EL TAPACAMINOS YUCATECO

¿Es un búho?:
¡no lo es!,
¿chotacabras?:
¡es verdad!,
y también es un buen mimo
que simula entre las hojas
y las vetas del camino.
Es pequeño, patas breves,
alas luengas de colores
que demuestran discreción,
corto pico que culmina
una boca desmedida.
En los montes da su voz,
de una nota en estribillo,
y convive con el mito
de acechar luces errantes,
pero no busca paseantes,
ni provocarles un grito
a la hora de cenar
más bien prefiere
un mosquito.

Melanoptila glabrirostris

CANCIÓN DEL DZIBABÁN

Qué nadie diga al gato
de los pájaros negros,
maullador en la rama,
dzibaban de los mayas,
que su canción no vale
por ser tan transgresora
de la imaginación.
¡Chrrh", "rriah", "tcheeu!
Pequeño entre los mimos
de su familia de aves,
con el delgado pico entona
su concierto
de metales y flautas,
de gorjeos y trinos,
¡y van lejos las notas
de su atrevida voz!
En el teatro cálido
del sotobosque pródigo
los árboles de chechén
le saben los secretos,
las palmas lo cobijan,
se burla de las zarzas,
y presume entre ramas
el azulado negro
de sus plumas brillantes.
Como es un ave endémica
de Yucatán, península,
si al monte se entristece
un áspero telón envuelve
su escenario,
y el *dzibaban*... se calla.

Myiarchus yucatanensis

PAPAMOSCAS YUCATECO

¡Qué peinado, buen mosquero!
¡papamoscas, copetón!,
un artista en el vestuario,
gris matiz en la pechera
y amarillo el cinturón,
llevas vetas de marrones,
llevas blanco, oliva y sol.
Entre los arbustos vuelas
en Guatemala y Belice,
y en Yucatán también vuelas,
y en su jardín eres príncipe.

Polioptila albiventris

LA PERLITA YUCATECA

Entre mangles y petenes
y matorrales costeros
vive un ave pequeñita,
que canta, salta y revuela,
y en la rama alza su cola
cual si fuera su bandera.
Poco se sabe de ella,
—voluble en su aparecer—,
y quizás por ser discreta
tardó tanto en convencer
de ser una especie única,
y no como se creía
subespecie en relación
con otras aves parecidas
de mayor distribución.
Es muy graciosa y ligera,
color plomizo es su capa
y blanquita es su pechera;
tiene el pico largo y fino
y en la cara cierto velo,
y del galán un bonete
azabache es propio atuendo,
mas la hembra se embellece
con casquete gris de cielo.

Colinus nigrogularis

BEECH’,
LA CODORNIZ YUCATECA

Su traje es de elegante
carnaval veneciano,
no falta el antifaz,
garganta con pañuelo:
¡bechita, beech’, colín, cotui,
también es codorniz!
Su pico negro y fuerte
no desaira la fiesta
de elegir alimento
entre granos e insectos;
campea ágilmente
por la alegre sabana,
el matorral le encanta
y anda por los cultivos
cual si fueran su casa,
pero siempre va atenta,
por si el halcón la halla,
o si listo y mañoso
se acerca el zorro gris.
Comadres y compadres
se juntan en parvadas,
y si un intruso llega
¡en vuelo pronto escapan!;
luego, desde una rama,
lanzan su canto al aire,
que todos reconocen
canto de codorniz:
cotui… cotui… cotui…

Meleagris ocellata

EL PAVO OCELADO

Me dicen ocelado
porque llevo en la cola
unos ojos pintados,
tengo cabeza azul,
brillante como el agua,
y en ella una diadema,
que es de mi propia usanza,
muestra desordenada
sus cuentas muy rojizas
o de color naranja.
Soy comensal selecto,
me gustan las semillas,
las bayas y las hojas,
y algún gourmet insecto,
y con amigos pavos
comparto los banquetes
que nos ofrece el suelo.
En temas de vecinos,
patas en polvorosa,
alas en ejercicio,
no ando desprevenido;
me buscan las rapaces,
las serpientes, tigrillos,
y si viene un mapache,
un puma, un ocelote,
no me verán ni el pico.
Con espolón de gallo,
también tengo una cresta,
y aunque la pava no,
ambos llevamos rojas
las patas en sus medias.

En busca de pareja
yo voy de monte en monte
cantando en algún claro,
y al llegar el momento
actúo como un pavo,
o sea, me pavoneo,
¿qué hay de malo en ello?

Amazona albifrons

EL LORO SOLITARIO

Esta es la historia de un loro
que vivía solito, solo.
¿Que por qué vivía solo?:
una jaula muy brillosa
encerraba solo al loro.
Con su pico siempre diestro
en servirle de instrumento
aquel loro solitario
de la jaula su pestillo
trató un día de romper.
Y no pudo.
Y no pudo.
El loro con mucho enfado
picoteó entonces las rejas,
y en el rasca-rasca tuvo
la infortuna de tragarse
la pintura de los tubos.
Y se enfermó el pobre loro,
que en el bosque
siempre acierta,
porque come las semillas,
come frutos o una flor.
Se quedó la jaula sola,
ya que el loro no sanó,
el metal perdió su brillo,
¡el loro se lo tragó!
Y la jaula muy sombría,
como toda jaula es,
fue a parar al reciclaje
y luego a la fundición,
donde al fundirse quedó
convertida en un latón.

Amazona xantholora

EL LORO TROVADOR

Un loro yucateco,
de alas brillantes, verdes,
y cara de coqueto,
quería cantar canciones,
mudarse a la ciudad
y entrarle a la jarana.

"¡Que no!", dijo la lora,
renegada a cambiar
de sopetón su hábitat,
y tener que cubrir
con un terno sus alas.
"Soy lora de verdad,
me basta con mis plumas,
pues soy un ave endémica,
fama, honor y realce,
de Yucatán alhaja".

Y siguió así la lora:
"Si tengo el pico curvo
y la lengua tan fuerte
no es para pintalabios,
helados y merengues,
sino para de loros
cubrir los intereses,
como buscar en árboles
las frutas y las nueces,
y ocuparme contigo,
chan loro de mi vida,
de proteger los nidos

en huecos de los árboles,
monógamos nos llaman".

Pero el loro seguía
tratando de rasgar
con sus patas las lianas
para sacar sonidos,
cual si estas fueran cuerdas
cantoras de guitarras;
y su voz entonaba,
y hasta ya se creía
trovador de "El Caribe",
la peña de los músicos,
aunque no le salía
ni por asomo el trino
de los que allí escuchaba.

Volaba el loro verde,
rojos los anteojos,
blanco parche en su frente,
y al extender las alas
mostraba en su plumaje
detalles encarnados
y estampados azules
propios de su linaje.

Déjame que yo sueñe,
lorita de mi alma,
le decía a la lora,
y andaba por el aire
buscando inspiración;
y cuando aterrizaba

comía las semillas
en lo alto de los árboles
y en la selva mediana.

Pues..., un día aquel loro
con mañas de sus patas
extendió entre los postes
en Mérida, en la plaza,
unas cuerdas muy fuertes
de pelos de animales
y hebras de las plantas,
y en tal instrumento
tocó una tonada;
si era jarana o no,
si su voz entonaba,
ha de decirlo el mundo
de gente que miraba
a aquel loro tenaz,
gente muy asombrada.

Ganada de entusiasmo
a la lora que aplaudía
se le ocurrió decir:
"¡Vaya, ya que eres famoso
te han de querer en jaula!"
Al loro el mal augurio
no le cayó en gracia,
casi se cae de lo alto
y se posó en el asta,
luego siguió su vuelo
olvidado del vulgo
que abajo lo aclamaba,
y no paró hasta el monte,

muy lejos de la plaza:
con él iba la lora
y luego una parvada.

¿Que si olvidó su sueño
de ser loro bohemio?
¡Que no, que no, que no...!,
pues dicen que fundó
una peña en el bosque,
adonde todo loro
que gusta de la trova,
que gusta de cantada,
llega a entonar canciones
inspiradas en flores,
retoños y aguas claras.

Melanerpes pygmaeus

CARPINTERO YUCATECO

Pica, pica el carpintero,
busca, busca la comida,
gusanitos y hormiguitas,
y a lo mejor otra golosina.
Su trabajo es minucioso,
tambor tenue en el terreno,
suena y suena y a lo lejos
llega su repiqueteo.
Plumas rojas lo coronan,
alba cofia en su pareja,
blanquinegras son sus alas,
y un plumerito amarillo
al fuerte pico rodea.
Pica y pica el carpintero,
el Mayab es su gran casa,
y entre el cielo y los cenotes
tiene bellos aposentos.

Icterus auratus

CALANDRIA DORSO NARANJA

Qué linda es la calandria
anaranjada y negra,
sus alas retocadas
con blancos de diseño;
qué pico tan derecho,
qué patas tan a juego.
Al matorral ella halaga
con su bello colorido,
y en selvas bajas entona
su marea de silbidos,
y en los árboles guardianes
muy sutil en su labor,
teje tenaz su buen nido.
¡Qué linda es la calandria,
qué alegres son sus hijos!

Piranga roseogularis

TANGARA YUCATECA

La solitaria tángara
pasea su discreción
entre los altos del bosque
donde la saluda el sol.
Apenas un toque rojo,
—amarillo si son damas—,
adorna su cuerpo gris
en cola corona y alas,
y sus patas compaginan
con su figura nublada.
En un trino combinado,
lleno de imaginación,
con alegre resonancia
le da música a su voz,
pero también de su pico
salen osados sonidos,
que en el monte se le escuchan
parecidos a maullidos.
Si tienes dicha de verla,
o de oírla, o en tu senda
está su nido,
habrás conocido a alguien
que no habita en otro sitio,
la tángara es ave endémica,
¡vaya suerte que has tenido!

Stelgidopteryx serripennis ridgwayi

GOLONDRINA YUCATECA

Golondrina que me llevas
a viajar entre mis sueños
me acerco a ti con apego
y tu vida curioseo.
Alas cortas, cola negra
—timón fiable en todo vuelo—,
surcas expedita el aire,
avión osado en cenotes
para alcanzar los insectos.
Anaqueles de cavernas,
resquicios entre las ruinas,
alguna viga en desquicio,
un espacio entre las tejas
te sirven de buen refugio
para construir tu nido,
y en fina copa de paja
colocas tus huevecillos.
Golondrina que en la cara
tienes blanco distintivo
y sierritas de tu género
ciertas plumas manifiestan,
todavía los prudentes
dudan si eres subespecie
o especie te consideran,
pero para mí eres única,
ensoñación, un prodigio.
Dadivosa en maniobras
de remontarte a los cuentos,
no te olvides, golondrina,
de esta otra voladora,
que es inquieta buscadora
de los soplos de las musas
entre las aves del cielo,
golondrina encantadora:
¡vuelve a visitar mis sueños!

Granatellus sallaei

GRANATELO YUCATECO

Una parejita tiene
un encuentro entre las ramas,
ella es color de la niebla,
él blanco, rojo y azul,
cual bandera tricolor
que a fraternidad la llama.

Él la seduce con cantos
y le muestra el atractivo
de su cola y de sus alas.
Ella responde amorosa
y en poco tiempo en un nido,
taza fina y bien cuidada,
coloca los huevecillos
que a su especie da un mañana.

Chaksi'ink'in ostenta por nombre
en idioma de los mayas
la pareja de las ramas,
y en bosques de Yucatán
esta ave primorosa
es glamour de la avifauna.

Vireo bairdi

VIREO DE COZUMEL

Un pajarito cantor, alegre isleño,
inconfundible estrella en su escenario,
muestra las franjas claras del vestuario
sobre tonos castaños, amarillos, olivas
y hasta grises.
Pequeño entre aves grandes,
grande entre aves pequeñas,
los ojos le destacan de forma impertinente,
pues los tiene rodeados por una blanca elipse.
Su nido en una rama es lujosa copita
urdida con preciados materiales del monte,
una tela de araña, un poco de corteza,
un manojo de liquen.
Su comarca le sabe los gustos y costumbres,
tan exclusivo es en su morada
que por más que lo busquen
nadie lo podrá hallar en otras coordenadas.
Si a tu mirada noble el verlo es menester,
toma nota precisa, aquí te va su ficha:
Vireo bairdi, nombre dado por los científicos,
dirección de su casa, isla de Cozumel.

Egretta rufescens

LA GARZA ROJIZA

La carretera surca los predios encantados
del norte del Mayab,
y mi mirada,
avara,
se adueña del paisaje.
De repente distingo la danza en la laguna:
es la garza rojiza, me lanzo entre las zarzas,
solo deseo verla, presenciar aquel baile
de alas extendidas,
el cuerpo en el vaivén,
el cuello de danzante que es cómplice del pico,
los pasos de las zancas al ritmo de ondas tímidas
con que se expresa el agua.
Los peces —precavidos— se alejan de su sombra.
Qué vicio el de mi oficio, pues aún no me conformo,
¡déjame espiarte más allá de tu danza!, le digo yo
a la garza.
Y recorro sus secretos de damisela extraña,
y esto es lo que he logrado
conocer de su fama: no gusta de las giras,
más bien sus escenarios son además moradas,
es garza americana,
obscura y rojiza igual podría ser blanca,
y su silueta alta
descansa si así quiere
en una sola pata.
Seguirla en sus andadas es franco desafío
al espejo anhelante de las saladas aguas.
La tarde se despide, también vuela la garza
delante del telón de rayos de rubíes
regalo del crepúsculo en costas mexicanas;
y yo vuelo con ella,
la sigo yo en sus ansias.
La garza bailarina en la verde laguna
es imagen impar que conservo en mi alma.

Toxostoma guttatum

CUITLACOCHE DE COZUMEL

Un plano colorido se esmera sobre la tenaz mesa,
es el mapa de México que anuncia su grandeza,
las islas en cortejos son fieles a sus costas,
y entre ellas Cozumel, esa babucha verde
flotando en el azul
repleta de regalos
de la naturaleza.
Las aves la conocen, Cozumel es leal a las viajeras,
y también es la casa de tercas inquilinas
y apego indefinible de las que son endémicas;
y en esta magna isla
habita el cuitlacoche,
quiero decir que habita,
otros dicen, es triste, pero dicen
que un huracán venció sus alas,
o que tal vez no existe a causa de las boas
traídas a esta tierra por ingratos.
Y afirman los que buscan sus mensajes
que por más de diez años
su voz ha hecho silencio,
que ahora solo conserva un canto quedo
en la memoria de la gente
y un buzón al que llegan las misivas
de quienes guardamos esperanza.
Miro otra vez el mapa del México grandioso,
vuelvo al trazado verde del curioso bosquejo
de esta ínsula al sureste,
y descubro
que hay un espacio vago,
incomprensible error en tan perfecto plano,
como si le faltara en Cozumel terminado al dibujo,
una dulce manchita de pico algo curvado,
valiosísimo trazo
del color de los suelos y de las nubes.

Cynanthus forficatus

COLIBRÍ DE COZUMEL

El suspicaz rocío se evapora
para no verse pálido en presencia
del colibrí que imita mañanero
sus perlas refulgentes en los pétalos.
Y la hoja, que solo vuela libre cuando muere,
se admira de que un verde no cautivo
con las luces del cielo resplandezca.
Vive este colibrí únicamente
en una isla hermosa, Cozumel,
que es barrio refinado de aves del planeta,
no lo busques más lejos,
las flores son su único viaje,
su aventura.

Vireo magister

EL VIREO YUCATECO

Como un genio modesto que vive el día a día
sin pretender que todos aplaudan su presencia,
el vireo yucateco se muestra en sus entornos
con sus veladas alas, sus cejas pensativas
y el delineado obscuro de sus ojos.
Tampoco es pretencioso en territorios,
le bastan sus dominios litorales
de bosques, matorrales y manglares
al este en Yucatán, en la península,
o alguna que otra isla no lejana.
Es fiesta cuando logra su alimento
de frutillas e insectos de su agrado,
y conforme celebra las jornadas
lanza al aire sus trinos campechanos,
cual canciones de pueblo enamorado
de la vida sencilla, franca y sana.

Dryocopus lineatus

KOLONTE', EL CARPINTERO LINEADO

Se dice que el kolonte'
el chocolate ha probado,
porque anda con soltura
por cultivos de cacao.
Y se cuenta que de bosques,
sabanas y pastizales
es laborioso ocupante;
su taller lleva en su pico,
su singular instrumento,
hace el nido, prueba un fruto,
picotea en las pesquisas
para alcanzar los insectos.
Por las franjas que presume
por debajo de su pecho,
unos le llaman rayado,
picamaderos listado
o carpintero lineado,
crestirrojo hay quien le dice;
tal vez tiene tantos motes
pues vive en muchos países.
El responde a cualquier nombre
repiqueteando en un tronco,
zacatán de sus sonidos,
pero sabe que está inscrito
en el juzgado científico
como *Dryocopus lineatus,*
en el mundo un distintivo.

Doricha eliza

DORICHA ELIZA

Ts'unu'um le llaman en maya,
y en su nombre está el zumbido,
y a las flores sus secretos les susurra
en ese ruido.
Y va en su pico la luna
en cuarto menguante fino,
en los machos la gorguera
lleva púrpura encendido,
en cambio, blanca la lleva
la hembra de sus designios.

Sus alas besan los aires
en una franja del norte
de Yucatán, su comarca,
habita dunas costeras,
son arbustos sus mansiones
y en los bordes de manglares
su figurita pasea.

Cola hendida, tijereta,
son otros nombres que ostenta,
pero con buenos afanes
y porque no lo confundan
con especies de otras tierras,
los científicos le han puesto
Doricha eliza, y tal nombre
me parece una belleza.

Campylorhynchus yucatanicus

LA MATRACA

En una cinta alegre
que en verde azul se muestra,
al norte yucateco
— caliza, suelo chato
y cómplice maleza—,
habita la matraca,
cierta, única, inquieta.
Traca traca traca tra...,
regala su alboroto
de carnaval doméstico,
los cactus la conocen,
otras plantas la miman,
la hospedan las sonrisas
de las dunas costeras.
Entre las ramas francas
o en el complaciente suelo,
revuela, o anda agenciosa,
que si una lagartija,
que si ha de hacer el nido...;
si el enemigo acecha
lanza voces guerreras.
¿Es bella la matraca?
Un rayo hermoso, negro,
con blanco en sus dos bordes
en su perfil destaca,
y va desde su cuello
hasta llegar al pico;
y en breves franjas luego,
o acaso de unas pintas,
su traje se despliega.
Sabrás que para verla
has de tener fortuna,
pactar con los aluxes,
los duendes de estas tierras,

y si a ellos les complace,
y aceptan tu pedido,
verás aparecer,
con porte distinguido,
a la alegre matraca
contenta en la floresta.

Eumomota superciliosa

TOOJ, EL PÁJARO RELOJ

Se despierta el Mayab
y aliado con el astro
escoge de emisario
para anunciar su dádiva
a un ave mañanera
con dotes de clepsidra:
es el pájaro tooj
que bien muestra en su cola
los péndulos del tiempo.
Dzibichaltum, Chichen
esperan su visita
de intenso colorido,
el tooj marca los siglos
con su magna presencia,
y su mirada atenta
bajo cejas turquesa
en bosques y cenotes
atestiguan la vida
pasada y por venir
que al reloj recompensa.
Al dormirse el Mayab,
vuelan aves nocturnas
a comenzar su fiesta,
y el tooj vuelve a su nido
hecho en una caverna,
paredón de una ruina
o sascabera quieta,
y acompaña a la noche
resguardada en sus plumas,
marcada por su péndulo.

Phoenicopterus ruber

MECO, EL FLAMENCO ROSADO

Meco camina, vuela, descansa parado en una pata
Meco construye un nido que es pirámide en el agua
Meco lleva en sus plumas el color de los corales
Meco tiene en su pico una draga que es chef
de su banquete.
Meco sabe de amores, su cortejo es galante
Meco consiente un huevo, su cría es una fantasía
de la primavera.
Meco no es solitario, y come con vecinos
y vuela con congéneres, y en la verde laguna
cercana a los manglares tiene su hermosa casa.
Asusta mucho a Meco el jaguar que acecha
por las noches
y teme al cocodrilo de las terribles fauces
y a la jauría de perros majaderos que se atreve
en sus predios
y al temible huracán
y al insensato hombre que lo invade.
Meco es una rosada jabalina cuando vuela
y va diciendo al aire sus verdades
las nubes se despeinan con sus voces
y cada vez el cielo lo recibe con asombro.
Meco es un ave distinguida de antiguo linaje
Meco es perla rosada que en bandadas
hace un collar de cuentas encendidas
y de incógnitas.
Meco es un guiño de nuestro planeta al firmamento.

¿CUÁNTOS CANTAN?

¿Cuántos pájaros cantan
la canción de primavera?,
¿Cinco cantan?
No, son más.
¿Quince cantan?
No, ¡qué va!
Son cincuenta...
¡Vaya hablilla!
Mejor me voy al jardín
a preguntarle al jazmín.
¿Cuántos cantan, jazmincillo?,
dime, ¿cuántos pajarillos?
"¡No lo sé!", dijo el jazmín,
"pregúntale al tomeguín".
¿Cuántos cantan, tomeguín?,
"Pin piri pión", dijo él simplón,
y siguió con su canción.
¿Cuántos cantan?... ¡Oye, sapo!
"No lo sé, dame agua de chaya".
Dime tú, listo conejo,
quisiera oír tu consejo.
"Si no sabes, cuenta tú,
zanahorias en manojos
yo conejo solo escojo".
"¡Cuenta tú, cuenta tú!",
exclamaron los grillitos,
ansiosos de información,
pues con tanta algarabía
sus sonidos nadie oía.
"Yo te cuento", ofreció el pato,
saltó un pez y olvidó el trato.
Vaya, vaya... ¡¿cuántos son?!,
murmuré curiosa al viento.
"Si son doce o doscientos
solo el sabio lo conoce",

dijo el viento siempre atento.
¿Cuántos son?, pregunté al sabio.
"Yo no sé", me dijo quedo,
ya que el número cambió,
pues su pico uno calló".
¿Cuántos cantan, cantan, cantan
la canción de primavera?
¡Todos cantan!, dije yo.
Y bailé uno, dos, tres,
y enseguida al revés.

ALGUNAS FUENTES CONSULTADAS

Berlanga, H., H. Gómez de Silva, V. M. Vargas-Canales, V. Rodríguez-Contreras, L. A. Sánchez-González, R. Ortega-Álvarez y R. Calderón-Parra. 2020. Aves de México: Lista actualizada de especies y nombres comunes. CONABIO, México D.F.

Birds of the world. 2024. The Cornell Lab of Ornithology. https://birdsoftheworld.org/bow/home

Enciclovida. 2024. Comisión Nacional para el Conocimiento y Uso de la Biodiversidad, CONABIO. https://enciclovida.mx

Dorantes Euan, A., D, I.A. Tello López y A. F. Castillo Cimé. 2022. *Guía de aves Xocén: el centro del mundo,* Centro de Investigación Científica de Yucatán (Cicy).

Gobierno del estado de Yucatán (web). 2024. *Recursos naturales, sección de fauna*. https://www.yucatan.gob.mx/

Howell, S.N.G. y S. Webb. 1995. *A Guide to the Birds of Mexico and Northern Central America.* Oxford University Press.

Llamosa Neuman, E. (texto) y G.M. Rodriguez Damián, (dibujos). 2023. *Aves comunes de la Península de Yucatán*, Editorial Dante, S.A de C.V.

MacKinnon H, B. 2017. *Sal a pajarear*, *Yucatán*, *guía de aves* (segunda edición). La vaca independiente S. A. de C.V.

www.ingramcontent.com/pod-product-compliance
Lightning Source LLC
LaVergne TN
LVHW051136210926
848482LV00006B/328